图书在版编目（CIP）数据

他们的家：不同年代的房子 /（法）娜塔莉·莱斯
卡耶－穆莱纳斯著；（法）塞巴斯蒂安·普拉萨尔绘；王
茜译 . -- 北京：中国友谊出版公司 , 2021.9
ISBN 978-7-5057-5285-6

Ⅰ . ①他… Ⅱ . ①娜… ②塞… ③王… Ⅲ . ①住宅－
建筑艺术－欧洲－图集 Ⅳ . ① TU-865

中国版本图书馆 CIP 数据核字 (2021) 第 153585 号

著作权合同登记号：图字 01-2021-4692

First published in France under the title:
La maison à travers les âges
©2016, De La Martinière Jeunesse, a division of La Martinière Groupe, Paris,
Current Chinese translation rights arranged through Divas International, Paris
巴黎迪法国际版权代理（www.divas-books.com）
Simplified Chinese translation edition published by Ginkgo (Beijing) Book Co., Ltd.

本书中文简体版权归属于银杏树下（北京）图书有限责任公司

书名	他们的家：不同年代的房子
作者	[法]娜塔莉·莱斯卡耶-穆莱纳斯　著
	[法]塞巴斯蒂安·普拉萨尔　绘
译者	王茜
出版	中国友谊出版公司
发行	中国友谊出版公司
经销	新华书店
印刷	鹤山雅图仕印刷有限公司
规格	889×1194 毫米　12 开
	3⅓ 印张　70 千字
版次	2021 年 9 月第 1 版
印次	2021 年 9 月第 1 次印刷
书号	ISBN 978-7-5057-5285-6
定价	78.00 元
地址	北京市朝阳区西坝河南里 17 号楼
邮编	100028
电话	（010）64678009

他们的家

不同年代的房子

[法]娜塔莉·莱斯卡耶－穆莱纳斯 著　　[法]塞巴斯蒂安·普拉萨尔 绘　　王茜 译

中国友谊出版公司

目 录

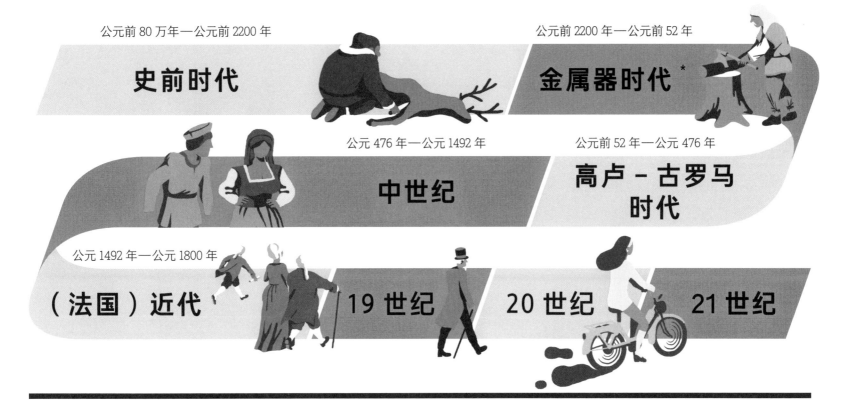

公元前 80 万年—公元前 2200 年
史前时代

公元前 2200 年—公元前 52 年
金属器时代 *

公元 476 年—公元 1492 年
中世纪

公元前 52 年—公元 476 年
高卢–古罗马时代

公元 1492 年—公元 1800 年
（法国）近代

19 世纪

20 世纪

21 世纪

史前时代

史前时代一般是指人类出现到文字出现之前的时期。旧石器时代晚期是人类从猿人进化为智人（现代人类祖先）的时期。智人会使用火，会打磨石器、制造工具和埋葬死者，但是他们还没有开始定居生活，而是四处迁徙移居。

克罗马农人的帐篷
旧石器时代晚期（马格德林文化）

高卢时代

高卢人是凯尔特人的一支，在铁器时代聚居在欧洲的高卢地区，后在高卢战争中被罗马人击败。在这段历史时期，高卢人的冶金技术持续发展，社会发生了深刻的变革，尤其是在农业和商贸领域。

高卢人的小屋
铁器时代末期（拉登文化）

中世纪

欧洲的中世纪长达 1000 多年，约从公元 5 世纪末到公元 15 世纪末。在这一时期，国家被分割成大大小小的庄园，庄园主（即封建领主）各自统治着自己的领土。占人口多数的农民生活在广大的乡村地区，与此同时，城市也围绕着领主的城堡发展着。中世纪同时也是教会统治的时期。

工匠的小摊
中世纪末期，15 世纪

（法国）近代

法国近代持续了三个世纪，始于中世纪晚期，止于 1789 年法国大革命。直到 18 世纪，大部分人口仍生活在乡村地区。城市里的人被划分为不同阶级，有特权阶级富人（主要是新兴的资产阶级和贵族），也有穷人（用人和工人）。

商人的房子
启蒙时代，18 世纪

19 世纪

19 世纪是工业革命快速发展的时期：科学技术强烈冲击着人们的日常生活，人口向城市流动。在欧洲，资产阶级成为统治阶级，他们由有钱的企业家、银行家、铁路公司经理等组成。而贫穷的工人与资产阶级有明显的区别，住在不同的街区。

富人的豪宅
工业革命时期，19 世纪末

20 世纪

第二次世界大战期间，有些城市在轰炸中被摧毁。于是，在 20 世纪 50 年代，很多城市被整体重建。这一时期也是消费社会的开端，人们购买很多东西以方便生活，提升生活的舒适度。

现代建筑
20 世纪 60 年代

21 世纪

当下，数字网络全面渗透到我们的日常生活，我们可以即时与世界另一端的人通话。这也是一个过度消费的时代：我们总在买各种各样的东西，如各种各样的衣服……这破坏了地球环境。为了保护环境，我们必须节能减排，未来的生活方式必须更环保。

绿色建筑
今天

克罗马农人的帐篷

旧石器时代晚期

在冰川时期*的末期，克罗马农人过着游牧生活，他们将帐篷搭在打猎的地方。图中间的帐篷中住着一个克罗马农人家庭，这个家庭由三个孩子、父母和祖母组成。

兽皮帐篷

狩猎·采集家庭以小型部落的形式聚居。因生活环境不同，他们时而穴居，时而依石而居，时而居住在帐篷中。

① 这样一个帐篷至少需要 35 张驯鹿皮！驯鹿皮可以遮风御寒。

② 驯鹿皮由大石头固定在地上。

③ 帐篷的支架由木头交叉而成。帐篷一般为圆锥形，直径 3 米，高 3 米。

聪明的选址

十几个家庭沿河而居，这并不是碰巧的选择！

④ 河流可以提供取之不尽的水。

⑤ 在河里能找到燧石——一种可以用来制造锋利工具的石头。它既是工具，也是原材料。

⑥ 最重要的是，浅水地带是驯鹿的必经之路，河流会减缓它们的行进速度，大大降低了狩猎难度。

克罗马农人最常见的猎物是驯鹿，他们也猎杀野马、野牛和马鹿。

打猎

克罗马农人在动物迁徙的季节（春天或秋天）狩猎。

⑦ 他们用长矛狩猎。借助投掷器（一个带钩的棒状物），长矛可以掷得更远，一举击中猎物。

垃圾被堆在一起，说明当时人们已经意识到清洁问题。

一个舒适的家

白天，帐篷通常是敞开的，克罗马农人在外活动。夜间，把帐篷关上，它就是一个可靠的庇护所。

⑧ 帐篷内铺着的兽皮，是全家舒服的床。

⑨ 篝火架在帐篷的入口。

⑩ 地面铺着卵石以防湿御寒。夜间，篝火边烧热的石头可以供人们取暖。

帐篷周围

日常生活在帐篷周围展开，每个人在不同的地方做着自己的事，就像在一栋房子中不同的房间里一样。

⑪ 父亲坐在一块石头上制造或修理武器——矛头、投掷器、鱼叉等，这些武器是由鹿角、象牙或燧石制成的。

⑫ 克罗马农人也使用这些材料制造刮刀（用来处理兽皮）、带孔的棍棒（用来弯曲矛）和针（用来缝制衣物）等工具。

⑬ 母亲正在鞣制˙一张驯鹿皮。鞣制好的皮可以用来制作衣服和帐篷。鹿筋和鹿肠是非常结实的线。

⑭ 女儿正在用动物牙齿和骨头、穿孔的贝壳和象牙磨制的珠子，制作项链、手链、发饰等饰物。不同的饰物表明人们的身份地位，男人、女人、小孩，都会佩戴。

⑮ 用于搭建帐篷的兽皮没有全部缝制在一起，因为当时没有交通工具，人们迁徙时要把帐篷拆除，背在身上。

火堆旁

火的作用不止照明和烹饪。对于旧石器时代的人类来说，火非常珍贵。

⑯ 火可以保护人类——它帮助人们御寒，也可以驱赶野兽。

⑰ 火堆旁是最重要的公共空间，人们聚集在这里，交流感情，加强团结。

去哪儿找吃的？

当时，农业和畜牧业还未出现。为了填饱肚子，打猎是最重要的手段。除此之外，还可以打鱼，或通过采摘、收集、挖掘等方式获取食物。

⑱ 打猎不仅能够获得食物，兽皮和骨头也是重要的资源。这些材料可以用来制造工具、艺术品、衣物和帐篷。

⑲ 大自然可以提供一部分食物：植物的球茎、块茎、根部，野果，蘑菇等。

⑳ 用鱼叉可以在河里捕到三文鱼、鳟鱼等鱼类。

处理食物

先将肉切成大块，再切成细长条，切好之后就可以烤或者腌制了。

㉑ 克罗马农人将燧石磨成薄片，制成切割工具，有时也用动物的肩胛骨来切割。

㉒ 这个年轻的男子正在烤肉，熟肉更加好吃，也更易消化。

马格德林的艺术家

在欧洲，旧石器时代最后一个时期的文化被称为马格德林文化。生活在当时的克罗马农人会花很多时间来装饰他们的武器和工具。他们制造、雕刻的工具和物品十分精美。当他们住在洞穴中或大石头边时，他们会在岩壁上绘制或雕刻人和动物。他们的岩画比例准确、细节丰富，可以毫不夸张地说，克罗马农人是真正的艺术家！

在冰川时期，大部分地区的气温不超过 0℃。为了抵御寒冷，克罗马农人身穿驯鹿皮衣，脚踏驯鹿皮鞋。

高卢人的小屋

铁器时代晚期

大部分高卢人在乡村生活和工作，他们居住在农场，或是几座类似这座房子组成的村庄里。这座房子是用泥土和木材建造的，里面住着马图格努斯和李图娜一家。

田间的草地上，羊在吃草。

高卢人用马车来运送货物和粮食。

四面围墙和一个屋顶

高卢人的房子的建筑结构很简单，却十分坚固。

① 大部分的房子是长方形的，很小，长度 4 米左右。

② 建造房子会先从地面支起四个立柱。高卢人用树枝在立柱与立柱之间编织出墙的骨架，然后将土和草秆混合成的泥覆盖在上面，形成墙壁。泥干了之后，墙壁会变得又厚又硬。

③ 房子的屋顶很高，倾斜角度大，上面覆盖着茅草*。下雨时，雨水可以迅速流下来。

村庄的中心

这座房子坐落在一个四周有栅栏保护的村庄中，房子周围是农田。

④ 村庄在一条溪流的旁边。水对日常饮食、生活十分重要。

⑤ 三个孩子、父母和祖父母三代人都住在这座房子里。相邻的房子里，孩子们的表兄妹、叔叔和婶婶也住在一起。

没有窗户

为了室内保暖，房子没有窗户，只有一扇门。

⑥ 门是用兽皮制成的。

⑦ 房顶没有烟囱，室内的烟会从茅草屋顶缓慢地透出。

克拉图拉和克拉撒鲁斯正在下棋。他们还有木娃娃、骨头骰子等玩具。

小屋外有一个矮墙围起来的小院子。

⑩ 为了御寒，地面铺了木板。

⑪ 高卢人的房子没有盥洗室，但他们很注重个人卫生。他们在河里或水桶边洗澡。他们用白垩*水（白垩和水的混合物）洗头，干净的头发泛着美丽的金黄色。

烹饪角

一顿美味佳肴正在悬挂的锅里准备着，很快一家人就可以享用了！

⑫ 不用锅煮时，肉通常会直接用火烤，或穿成肉串腌制后熏*烤。此外，从河里打来的鱼也是一种主要肉食。

⑬ 食物是丰富多样的：煎饼、谷物粥、植物根茎（胡萝卜、萝卜）、水果、浆果、野菜、香草、面包、奶酪、蜂蜜……

⑭ 大罐子、瓮里储存着粮食和肉类。值得一提的是，高卢人擅长酿啤酒。

⑮ 壶、罐子、盘子和勺子是木制或者陶制的。炊具和厨具一般放在架子上或悬挂在房梁上。刀用来切肉和蔬菜。那时没有餐具，人们用手吃饭。

院子里

马厩、牲畜栏、纺织棚……高卢人的小屋被存储和生产建筑包围着。

⑯ 高脚木仓中储藏着谷物和豆类，这里比较干燥，也能防止老鼠啃咬。

⑰ 这个方形的水井给人们提供生活用水。

⑱ 李图娜正在制作衣物和被子。其他物品也是手工制作的：陶罐、编筐*、皮鞋……

⑲ 和所有的高卢妈妈一样，李图娜负责教育子女和家务劳动。有时她也会去田里干活，或者看管牲口。

生活讲究的人

高卢人十分爱美。他们喜欢用漂亮的布料做衣服，并用越橘、蓝莓等天然染料染色。他们的衣服通常是亚麻或羊毛材质的，上面有条纹和方形图案。男人穿束腰的上衣配裤子，女人穿及脚踝的长裙。男人和女人都喜欢佩戴铁制、铜制或骨制、陶制的首饰。他们通常用小钩子把衣服固定住。

田地里

马图格努斯是一个农民，他的工作是种地、喂养牲口。

⑳ 耕地用犁*犁过：通过驱使拉着铁制犁头的牛来完成。

㉑ 田里的种植作物主要有粮食（小麦、大麦、燕麦、小米……）、蔬菜（四季豆、豌豆……）和油料（亚麻、大麻、罂粟籽……）。

㉒ 高卢人饲养猪、牛、绵羊、山羊，以获取它们的肉，有时他们也食用马肉和狗肉。

只有一个房间

房子里只有一个房间，家庭生活的所有活动都围绕着炉子展开。炉子用来烹饪食物、取暖和照明。

⑧ 炉灶贴着地面建造，底座由黏土垒成，上面有一些金属架和陶土柱作支撑。

⑨ 床铺在房子的一角，它的构造相当简单：一块木板和一块羊毛垫子。衣物收纳在木箱子里。

工匠的小摊

中世纪末期

在城堡的城墙周围，城市逐渐兴起。商人和工匠在城市狭窄的街道旁聚集。蒂博和布朗什——一对经营纺织作坊的夫妇——和他们的四个孩子住在一个半木结构*的房子里。

木头"积木"

建造一个半木结构的房子需要把木头一个嵌着一个地连接起来，就像玩积木一样。

① 木头房梁是房子的"骨架"。

② 木头和木头之间的空隙用土料填充（黏土和草秆的混合物），随着水分丧失，它会变硬。

③ 房子的地基是用石头垒起来的，避免木头接触到潮湿的地面。

④ 房顶铺满茅草。

买买买！

工坊和商店沿街排布。人们可以从屋外看到蒂博正在自己的店里织布，这使得来来往往的顾客对商品的质量放心。

⑤ 窗户上糊的是羊皮纸，玻璃对工匠家庭来说太贵了。

⑥ 窗板向下拉出就可以形成一个货物展示台，方便顾客选购。

⑦ 这里悬挂着店铺的招牌，一般是以简笔画的形式呈现贩卖的物品，因为在中世纪的欧洲，大部分人是不识字的。

④

突出的二楼

中世纪时，在很多欧洲国家，纳税额按一楼的面积计算，所以一楼的空间通常比较狭小，以便节省开支。

⑧ 二楼较一楼会凸出一点，这样可以获得更多的空间。这样的做法也可以在下雨时保护房梁和房子的外墙不被雨水侵蚀。

房子的正面很精美，这代表其家境殷实。

⑧

⑦

③

⑥

街道的路面没有铺石头，下雨的时候，非常泥泞。

多功能空间

二楼是一个连通的空间，也是全家人的卧室。它同时作为盥洗室、厨房和餐厅使用。

⑨ 木床上有床垫、枕头和羊毛被。

⑩ 用于照明的是动物油制作的蜡烛和小油灯，它们的价格相当昂贵。夜幕降临后，家里面通常很暗。

⑪ 中世纪时，欧洲人洗澡既是为了保持卫生，也是一种乐趣。大部分时候人们只是简单梳洗，有时也会泡澡。人们认为水是洁净且有益的。而在稍晚的时代，水被认为是传播疾病的媒介。

⑫ 这间房有一处简易厕所，它是现代厕所的前身。人们上厕所时，排泄物会掉入下面深深的坑中，但这个坑基本不会被清理。

⑬ 地板上铺有灯芯草垫子*，真是奢侈品呀！

餐桌上

饭点到了，奶奶阿利克斯正在摆放餐具，桌子上整齐地铺着白色的卓布。

⑭ 家庭越富裕，拥有的家具就越多。眼前的这个家庭拥有桌子、小凳子、椅子、长凳、置物架、箱子和柜子。

团结的邻居

木材、金属、皮草、羊毛制品的工匠通常选择挨着同行业的人居住。他们互相帮助，组建行业协会。协会负责组织老工匠和新手学徒的工作，制定行业标准，制定商品价格和工人工资。协会还会帮助那些处境困难的工人。

⑮ 壁炉可以用来照明、取暖和烹饪食物。烹饪肉类通常用锅煮或者用火烤。

⑯ 餐具是陶制或木制的，炊具是铁制或锡制的。中世纪时，人们不用盘子和叉子吃饭，而是用手，吃到一半的肉和菜就暂时放在面包上。

⑰ 洗碗槽由倾斜的石板组合而成。生活污水顺着墙中的管道流出，直接排到露天的街道上，产生的臭味可以想象。

食物储藏

在中世纪，人们如何储藏新鲜的或风干后的食物？

⑱ 阁楼上储存着粮食、猪油和蔬菜干。鱼通常被风干或者用醋腌制。

⑲ 葡萄酒储存在地下凿出的拱形酒窖中。

⑳ 后院里养着各种家禽家畜：猪、兔子、鸡……

㉑ 小菜园也可以提供一些食物：豌豆、四季豆和其他蔬菜，如卷心菜、萝卜、甜菜、芦笋……

作坊中

纺织业是城市中的主要产业，它的发展使很多职业得以兴起，如剪毛工、洗毛工*、纺纱工、洗染工以及织布工。

㉒ 灰尘、噪音、气味、污染……蒂博的作坊给环境带来了很多负面影响！

㉓ 羊毛是纺织业最广泛使用的材料。羊毛织物可以做衣服、床上用品、地毯等。

㉔ 通过旋转楼梯可以上下楼。

孩子们喜欢跳房子、弹弹珠
或者玩箍酒桶的铁圈。

地面是夯实的土。

孩子们喜欢跳房子、弹弹珠
或者玩箍酒桶的铁圈。

商人的房子

18 世纪

启蒙时代

当时，大部分人生活在乡村地区，城市发展较缓慢。让是一家印刷店兼书店的老板，他和妻子玛格丽特，还有两个孩子快乐地生活在一座美丽的房子里。这对夫妇将要迎来他们的第三个孩子。还有一个仆人与他们同住。

坚固的材料

漂亮的白色外墙包裹住了建于中世纪的房子框架。

① 半木结构的墙上覆盖着石膏层，石膏层外刷了漆以保持美观。这样的做法也是为了防火，一旦有房子着火，整个街区可能会在几个小时内化为灰烬。

② 陶土瓦片能够防水防火。

③ 从前人们都是将木板窗固定在房子内部，从这个时代开始，人们将木板窗固定在外部，保护里面的窗户。这种木板窗被称为"百叶窗*"。

有光的房子

由于有很多窗户，白天房子内的光线非常好。

④ 那时候，人们还不会建造大的玻璃窗，窗子由木头分隔成一个个小方格。这样的窗子能防止外面的人窥视，同时还能保暖和遮挡风雨。

⑤ 开在房顶上的天窗让光线照进房子。有的天窗是圆的，这样的窗户也被叫作"牛眼窗"。

晚上，街道被装着蜡烛的路灯照亮。

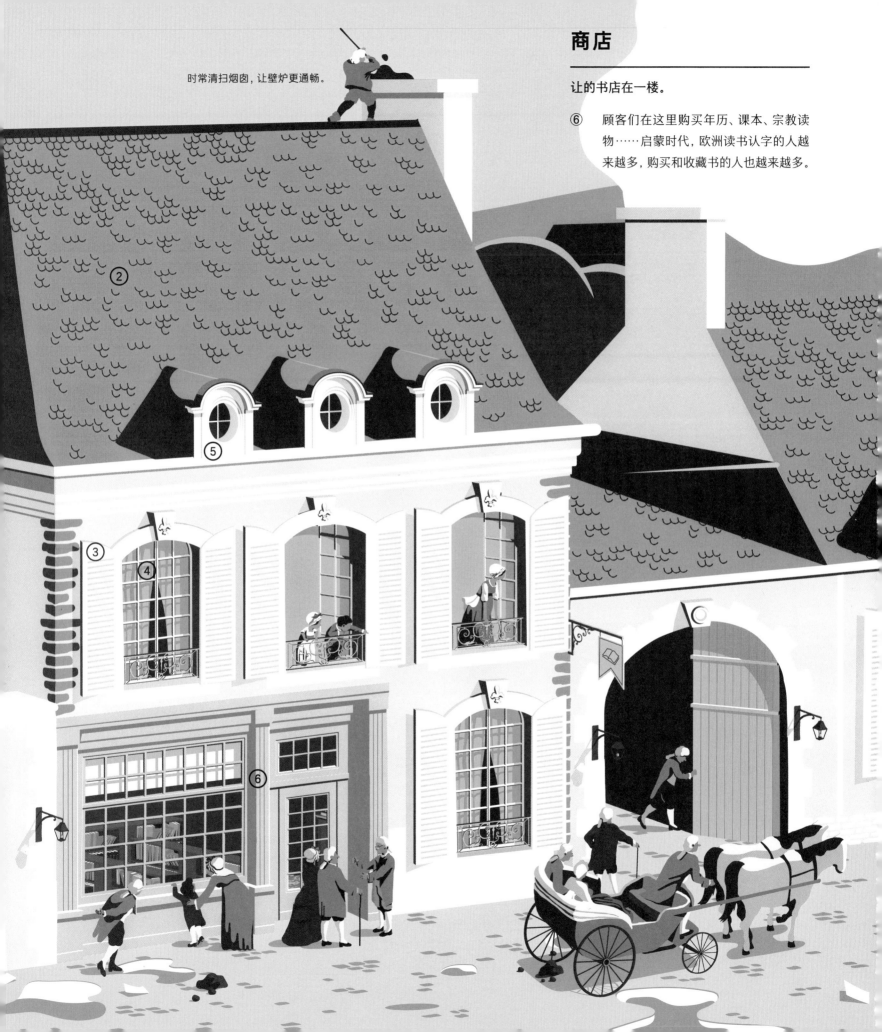

时常清扫烟囱，让壁炉更通畅。

商店

让的书店在一楼。

⑥ 顾客们在这里购买年历、课本、宗教读物……启蒙时代，欧洲读书认字的人越来越多，购买和收藏书的人也越来越多。

单独的房间

这座房子很舒适，但它不像同时代其他更豪华的房子一样有客厅。

⑦ 这座房子被隔板分隔出了不同的房间，和从前的房子相比，有了更多独立的空间，保证了一定的私密性。

⑧ 扶手楼梯连接楼上和楼下。房子没有门厅，也没有走廊，房间都是一个挨着一个。

卧室和客厅

让和玛格丽特的卧室也充当着餐厅和客厅。整个房子里最漂亮的家具都布置在这个房间。

⑨ 床上用品的品质可以反映主人的身份与地位。为给来访的客人留下深刻印象，玛格丽特选择了精美的布料。

⑩ 为了待客，这个房间里放置了4把扶手椅和6把普通椅子。

⑪ 木柜子里放着餐巾和衣物。

⑫ 这个陶罐就是"厕所"。18世纪，欧洲的人们很少洗澡。一是因为水是宝贵的资源，二是因为人们害怕水传染疾病。人们不洗澡，用香水来掩盖身上的味道……如果觉得脏了，那就换身衣服。

⑬ 墙上挂着木制品和织物，它们可以防风防潮。门帘和窗帘也可以保温隔热。

孩子们的房间

皮埃尔和安娜有属于他们两个的房间，他们很幸福！

⑭ 圆环、娃娃、陀螺、卡片……那个时候孩子玩的玩具很多现在也能找到。

⑮ 上厕所的时候，大人和孩子会坐在这个带孔的椅子上。它是一个简易的马桶，里面放着陶罐，使用后需要将里面的排泄物倒掉。

多功能厨房

仆人在厨房里准备饭菜。她的床也在厨房里。

⑯ 壁炉既用于取暖，也用于烹饪食物。为了方便，人们用钩子把锅吊起来。如果要烹饪肉类，一般会用三脚架、烤架或旋转铁叉。

⑰ 厨具是铁制或铜制的，有煮锅、平底锅（用来炒栗子）、漏勺、滤锅、锅盖、咖啡壶……

⑱ 黄油、面粉、植物油、猪油、果酱都储存在相应的容器中；用来做饭的水储存在桶里。为了长时间保存，鱼和肉都经过了腌制和熏制。

庭院和其他

房子后面没有花园，但有一个小菜园和鸡舍。

⑲ 碗橱中摆着铁制和锡制的厨具。让和玛格丽特十分幸运，他们还有一些陶器（盛放黄油、水的容器）和银制的餐具。

⑳ 院子里有井，井水供饮用和洗碗等家务使用。但是春天大扫除时，还是要去河里提水。

㉑ 印刷车间在院子最深处。

㉒ 阁楼是用来储存粮食和晾晒衣物的地方。

㉓ 葡萄酒和木材储存在地窖里。

启蒙时代

在欧洲，18世纪又叫作启蒙时代，这是因为当时的哲学家以开化人的思想为己任。为了更好地传播知识，人们印刷报刊和书籍，这其中很重要的一本是《百科全书》*。哲学家们批评绝对王权，捍卫自由、平等。然而与此同时，富人继续积累财富，穷人却越来越穷。直到1789年，一场真正的变革出现……

这样的大门让马车可以进入房子的庭院。

街道上堆积着牲畜的粪便和垃圾，像中世纪一样，臭气熏天！

富人的豪宅

工业革命*时期

工业革命来了！煤气、电和工厂里的工作促使人口流向城市。路易——一个成功的商人——和他的妻子约瑟芬，以及他们的三个孩子、六个仆人住在一个大豪宅里。

这栋房子位于城市中一个安静的角落里，距离工人街区标志性的红砖房子很远。

精美的外墙

为了显示主人的财富，房子是古典风格的，设计灵感来自凡尔赛宫。

① 房子外墙是对称、和谐的，窗户的排列也十分整齐。

② 经过切割后的石材上贴有彩色陶瓷砖装饰。窗户被砖块框了起来。

③ 房子的大门前建有气派的楼梯。

④ 屋顶是板岩制作的。板岩是一种可以被加工成片状的灰色岩石。

门和窗

白天，人们拉上窗帘避免外面的人窥视。晚上，人们将可以折叠的金属窗关起来。这是一个全新的发明。

⑤ 大门上面开了一个玻璃窗，玻璃有锻铁*栅栏保护，从窗透进的光线可以照亮走廊。

⑥ 精美的铁护栏不仅美观，还保护着窗户。

房子的后面有一个大花园。

每天晚上，负责照明的人都会借助一个长杆点燃路灯。灯光照亮了城市的街道。

20

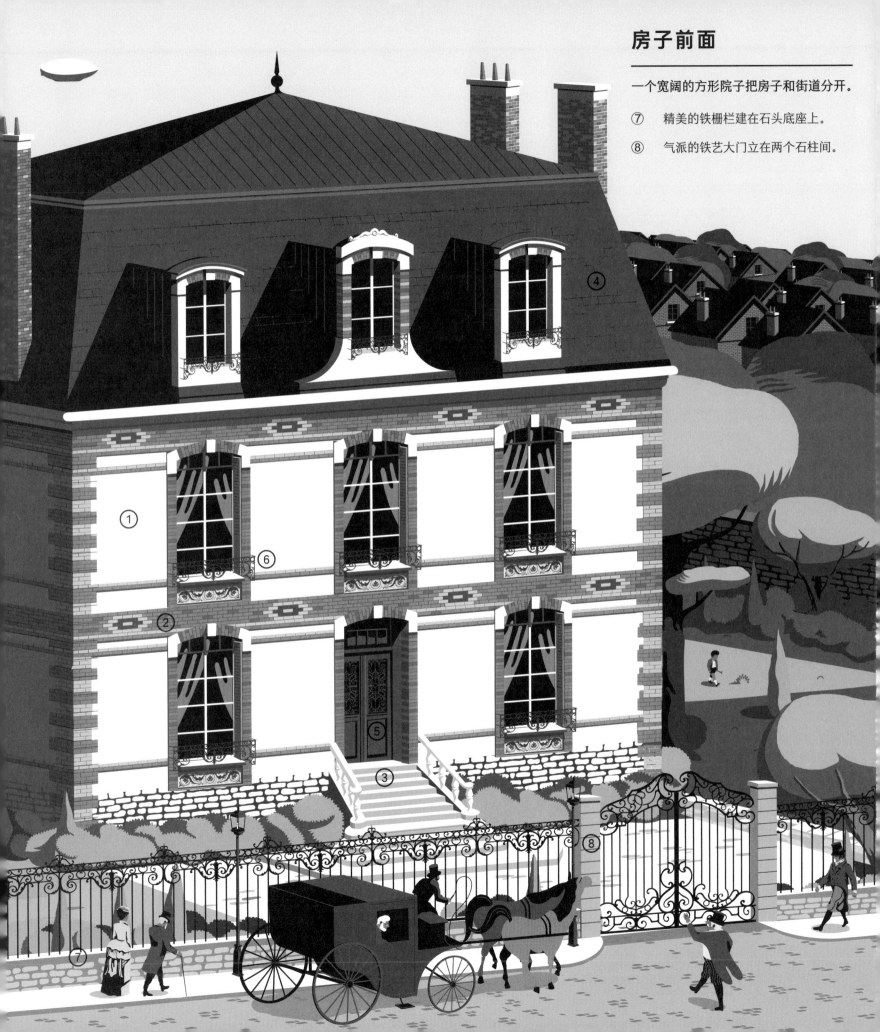

房子前面

一个宽阔的方形院子把房子和街道分开。

⑦ 精美的铁栅栏建在石头底座上。

⑧ 气派的铁艺大门立在两个石柱间。

一座大房子

这座房子里有很多之前的房子没有的房间：客厅、盥洗室、洗衣房……

⑨ 在这一层，楼梯通向一个很大的缓步台。

⑩ 走廊通向卧室、盥洗室和厕所。

⑪ 通过服务楼梯*可以上到阁楼，用人的卧室都在那里。

用来接待的空间

女主人约瑟芬管理着整座房子。在她的精心打理下，客厅干净而整洁。

⑫ 招待客人吃晚餐或用茶是富人炫耀财富最好的方式。因为这时候可以把陶瓷、银器和精致的甜品都拿出来。

⑬ 跟所有受过良好教育的女性一样，欧仁妮需要学习唱歌和弹钢琴。她通常在家里招待客人的时候表演。

⑭ 除了大理石的壁炉，家中的其他装饰也都很考究：镀金饰物、天花板、画像、靠垫、桌布、华丽的窗帘……

⑮ 沙发、扶手椅和桌子等家具都是实木制作的，它们既昂贵又舒适。

⑯ 家里使用电灯照明，电灯比蜡烛亮得多。但同时，家里的其他空间也使用煤油灯。

书房

路易对自己的藏书很骄傲，大量的藏书证明他是这个城市的富人。

⑰ 电话在这时候还是一个新的发明，很少有人拥有电话。人们需要举着听筒在话筒前讲话，而且通话还需要接线员转接。

发明的世纪

19世纪，科学和技术进步给人们的日常生活带来了翻天覆地的变化。燃煤蒸汽机的发明催生了新的交通工具——蒸汽火车。同时，蒸汽机也提升了工厂的效率，让工厂更快、更大量地生产商品。在19世纪，还涌现了其他伟大发明：电报*、电话、相机、狂犬疫苗……

二楼

父母的房间与孩子的房间是分开的，这是富人才能享受到的奢侈待遇。

⑱ 在男孩子们的房间里，乔治正在做作业。从1882年开始，法国6—13岁的孩子需要接受义务教育。

⑲ 这些有着塔夫绸*内衬的小筐装着约瑟芬教女儿刺绣的工具。她的灵感一般来自女性杂志与时尚报刊。

盥洗室

19世纪，人们在单独的房间有规律地洗漱。

⑳ 得益于煤气热水器的发明，人们可以直接把热水放到浴缸里，不需要在炉子上一点点地烧热水。

㉑ 厕所里的冲水马桶是巨大进步。污水被直接排放到下水道中。

饮食

食品卫生受到广泛重视，人们会选择丰富和均衡的饮食。一个好的女主人要知道如何合理搭配家里的饮食。

㉒ 奶酪、鱼、水果、多种多样的蔬菜……市场上的选择很丰富，这得益于铁路的发展。

㉓ 阁楼、酒窖和储藏柜里面储存着葡萄酒和食物。

孩子们的爷爷奶奶查尔斯和泽丽坐蒸
汽火车来到城市里。马车夫把他们从
火车站送到路易和约瑟芬的家。

20 世纪

现代住宅

20 世纪 60 年代

20 世纪 30 年代以来，法国乡村人口流向城市，城市的人口越来越多。米歇尔和西蒙娜是一对教师夫妇，和他们的两个孩子住在一栋舒适的现代住宅中。他们的住宅区*是"二战"后修建的。

一幢"标准"的房子

20 世纪 50 和 60 年代，很多住宅看起来都一样。它们是标准化建筑，有着相同的设计。

① 墙的材料是砖或混凝土（水泥、砂、石和水的混合物）。这种建筑材料造价低、生产快。人们用它们来重建"二战"时被摧毁的房屋。

② 屋顶覆盖着瓦片。

③ 需要爬上屋外的楼梯才能到房子门口。

④ 一楼是车库、洗衣房和锅炉房（为房子供暖）。

可以观察院子的窗户

西蒙娜可以从窗户观察在花园里玩的玛蒂娜和热拉尔。

⑤ 窗户是单层的（玻璃只有一层厚度）。

⑥ 除了玻璃窗，还有木制的百叶窗。

滑板车、自行车、轮滑鞋……玛蒂娜和热拉尔真是被宠坏了！

马路上有许多轻便摩托车和电动自行车。

花园里

房子被一个小花园环绕，小花园由房屋主人精心照料。

⑦ 米歇尔打开大门，准备停放他的小轿车。"二战"后，越来越多的人能买得起汽车。

⑧ 水泥围墙将房子和街道隔开。

工厂生产的衣服价格适中，人们习惯经常买衣服，追赶潮流。比如，当时迷你裙就很流行。

舒适的现代生活

20 世纪 60 年代，人们已经可以在家中享受舒适的现代生活。很多房子接通了电、天然气和自来水。同时还有一些可以提高舒适度的家用物品，如冰箱、炉灶、浴缸等。这也是一个女性开始工作的时代。为了节省家务时间，很多家电被发明了出来：洗衣机、吸尘器、家用机器人……

一个方便的厨房

厨房的设置比以前更加合理，通过家具的组合就可以得到一个实用的备餐台*。

⑨　20 世纪 50 年代以来，通过组合复合板材*可以得到形状简单且实用的家具，这种家具造价低、易打理，真是革命性的材料！

⑩　冰箱、炉灶、电磁炉都嵌在组合橱柜中。

⑪　为了节省时间，让做饭更高效，西蒙娜使用一些小家电，例如搅拌器、打蛋器、炸锅、榨汁机……

⑫　厨房和盥洗室都用能发出白光的日光灯照明。

⑬　食物是很丰富的：肉类、鱼类、蔬菜、水果……那时面包和土豆的食用量是现在的两倍。人们一周要在露天市场或者小商店采购几次，超市和商场并不多见。

沙发周围

人们在客厅和餐厅看书、聊天、用餐或者看电视。

⑭　米歇尔在客厅的沙发上读报纸。沙发是房子的中心。

⑮　他们刚购买了家里的第一台黑白电视，可以收看两个频道。

⑯　按一下按钮就能打开电暖气。

⑰　热拉尔在唱片机里放了一张 45 转（1 分钟转 45 圈）的唱片。唱片的一面播放完毕，他需要把唱片翻过来才能听另一面的歌曲。

⑱　打电话需要转动拨号盘拨号。听筒是用线与电话主机连接在一起的。

卧室

卧室和客厅都有一些藤条*编的家具，这种家具在那时很时髦。

⑲　玛蒂娜正在按照老师的要求复习动词课程。她在一所女校上学，那时男女同校还不是很常见。

⑳　孩子们用收音机听"yé-yé"歌曲*，这是年轻人都着迷的流行音乐。

㉑　热拉尔最喜欢的玩具是飞机和汽车；玛蒂娜最喜欢的玩具是贝拉娃娃，贝拉娃娃在她这个年纪的女孩中非常受欢迎。

一个舒适的盥洗室

20 世纪，盥洗室中使用的清洁设备被大批量生产*。这个独立空间逐渐成为家中舒适度的代表，在越来越多的住宅中被人们重视。

㉒　浴缸周围的墙上镶有瓷砖，可以保护墙壁。人们不会每天洗澡，通常一周洗一至两次。其他时候人们用脸盆和坐浴盆*洗漱。

㉓　地面上是一层亚麻油毡，涂有防水材料，容易清洗。

㉔　人们已经习惯在如厕时使用厕纸，而不是旧报纸。

这个周日，孩子们的爷爷埃米尔和奶奶玛塞勒受邀来吃午餐。他们乘公共汽车从临近的村庄过来。

绿色建筑

今天

高新科技设备进入了人们的住宅，给日常生活带来很大的方便。同时也让人们开始关注一个新的问题：环境保护。朱利安、埃米莉和他们的两个孩子就住在一个既现代又环保的房子里。

天然材料

他们的房子是木质的，而不是像大部分房子一样是混凝土的。要知道，制造混凝土会消耗掉很多能源。

① 木房子冬暖夏凉，夏天不用开空调，冬天也不需要很足的暖气。此外，木材还是一种可再生的材料。

② 墙体和隔断加入了亚麻纤维，这样的隔离层效果很好。

一个巧妙的屋顶

屋顶的设计考虑到了如何减少水和能源的消耗。

③ 屋顶的绿植可以起到很好的隔热效果，还可以吸收环境中的二氧化碳，提升空气质量。这个屋顶还可以收集雨水。埃米莉用收集来的雨水浇灌花园。

④ 太阳能电池板可以把太阳能转化成电能，足以供整幢房子照明和取暖。

树木在夏天可以提供阴凉，冬天也不会遮挡自然光。

回收任务

塑料瓶、玻璃瓶、果皮……在这里，所有垃圾都要分类。

⑤ 有机垃圾（如剩菜剩饭、枯枝烂叶）被倒入堆肥箱·中堆肥，它们可以变成天然的有机肥。

⑥ 每个星期，朱利安把分好类的垃圾送到收集站。可回收的垃圾会被回收并加工成其他物品。

窗户安装的都是双层玻璃。

和他们的父母一样，埃玛和泰奥也有一座木头房子。

步行巴士站

家庭厨房

这是一个向客厅敞开的厨房。朱利安是一名厨师，他喜欢为家人准备可口的饭菜。

⑦ 备餐台在厨房的中央，用来准备食物和吃饭，是家庭的中心。

⑧ 朱利安选择购买本地产的水果和蔬菜，而不是大棚或从很远的地方运过来（通过卡车、飞机）的蔬果。那些蔬果在生产过程中对环境造成了负面影响。

⑨ 朱利安和埃米莉不常在大型超市购买工业食品*（如碳酸饮料、熟食），他们认为工业食品不是太油，就是太咸、太甜。出于同样的理由，他们很少去快餐店吃饭。

⑩ 电器可以定时。早上7点，咖啡机会自动启动。

高科技客厅

埃米莉是一位软件工程师，她对高科技极其痴迷，于是对家里进行了智能化改造。

⑪ 是谁在摁门铃？可视门铃可以让主人看到来访者。

⑫ 遥控器可以控制窗帘开关。如果相隔很远，甚至可以用手机上的应用软件来控制。

⑬ 暖气由温度调节器控制，它可以精准控制各个房间的温度，防止浪费。

⑭ 泰奥把摄像头和电视连起来，与远在欧洲另一端的爷爷奶奶视频通话。

⑮ 扫地机器人可以独自穿梭于各个房间，并能躲避障碍。

水房

在一栋绿色建筑中要懂得节能节水。

⑯ 为了节约用水，埃玛选择淋浴而不是盆浴。刷牙的时候，她会注意关闭水龙头。

⑰ LED灯*代替了白炽灯和卤素灯，它更加节能。

⑱ 在选购洗衣机时，他们会查看洗衣机的环保能效标志。这一台是环保能效最高的！这样的洗衣机节水节电，衣服照样能洗干净。

房间

卧室和盥洗室在房子的二楼。

⑲ 朱利安和埃米莉的房间里有一个大衣柜，用来收纳他们的衣服。

⑳ 书房是一个灵活的空间，可以通过书房和卧室之间的推拉门调整布局。门关起来，它就是一个封闭的空间。只要把沙发床打开，就可以当作客房。

㉑ 埃玛和泰奥既喜欢电子游戏，也喜欢传统娱乐（棋牌、皮球、漫画……）。

㉒ 二楼的地板是拼装地板*，安装时只需要将它们拼在一起，十分简单。

保护地球

几个世纪以来，科学技术改变了人们的生活方式，房子变得越来越舒适。但和汽车、工厂一样，人们在房子里的起居也会消耗很多能源，这些活动向大气层排放了大量的温室气体*，会造成气候失常。于是，减少能源的使用成为保护环境的重要举措。

父母、孩子，每个人都有手机。

"步行巴士"站就在房子的门口。每天早上泰奥都会在同一时间和他的伙伴们从这里出发步行去上学。一个大人会陪着他们。

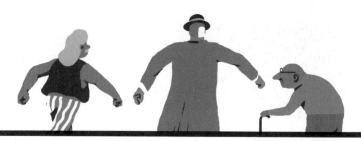

知识小辞典

金属器时代：指人类历史上使用金属工具的时代文化，包括金石并用时代、青铜时代和铁器时代。因不同地域的历史和文明发展在时间上存在差异，本书的历史阶段划分与我国不完全相同。

冰川时期：指地质史上气候寒冷、冰川广泛形成的时期，此处指欧洲的玉木冰期，约开始于距今9万年前，结束于距今1万年前。

鞣制：指把动物毛皮处理成皮革（制革）的过程。

茅草：用来遮盖屋顶的草。

白垩：一种碳酸钙沉积物，与水按比例配制后，可用于清洁，但请勿自行使用。

熏：将鱼或肉放到不完全燃烧的木材上风干的烹饪方法。

编筐：用植物茎制成的筐或者篮子，也指这种手艺。

犁：铁质、形状尖的耕地工具。

半木结构：一种建筑结构，一般两层或以上，一楼多用砖石制成竖向承重构件，二楼及以上采用木材组成框架。这种风格的建筑主要盛行于西欧。

灯芯草垫子：指灯芯草编制的垫子。灯芯草是一种茎很细的草。

洗毛工：负责清洗和处理原料毛的工人。

百叶窗：由许多薄片重叠而成的窗扇。

《百科全书》：指18世纪法国由狄德罗主编的百科全书。

工业革命：以机器取代人力，以大规模工厂化生产取代个体手工生产的一场生产与科技革命。

锻铁：将铁加热并用锤子等工具施加外力打造而来的铁材。

服务楼梯：只有用人使用的楼梯。

电报：通过电信号迅速传递信息的通信方式。

塔夫绸：用桑蚕丝织成的一种平纹绸类丝织物。

住宅区：一片用以修建住宅的土地。

备餐台：厨房中备餐的平台。

复合板材：木材加工品，经常被用作家具材料。

藤条：一种植物的茎，可用来制作家具和筐。

"yé-yé"歌曲：法国20世纪60年代一种流行的曲风。

大批量生产：同时生产大量相同的产品。

坐浴盆：用于清洗私处的盆。

隔离层：建筑中可以阻挡冷、热空气和噪音的保护层。

堆肥箱：一个用来盛放有机垃圾的箱子，垃圾在箱中转化成纯天然的有机肥。

工业食品：在工厂中生产或加工的食品。

LED灯：利用半导体器件将电能转化为可见光的灯具，耗能少、发热少、寿命长。

拼装地板：将地板片直接组装并覆盖在已有地板上的做法。

温室气体：排入大气层后会使地球温度升高的所有气体。